Louiza Ouksel

Efeito anti-inflamatório de um fosfonato

Louiza Ouksel

Efeito anti-inflamatório de um fosfonato

A Seleco testa um medicamento anti-inflamatório

Efeito anti-inflamatório de um fosfonato

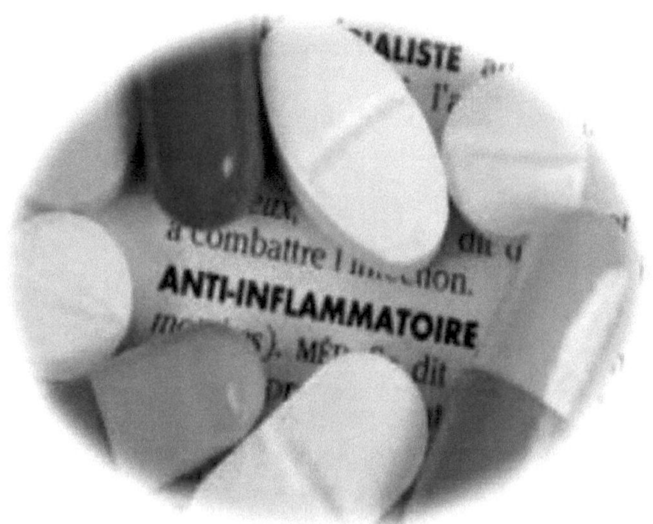

Sessões de assinatura

➢ Dedico este trabalho à memória da minha mãe, do meu pai e dos meus avós, que Alá todo-poderoso lhes conceda paz e misericórdia.

➢ *Ao* meu marido, que me ajudou muito com os seus conselhos.

➢ *Às* minhas filhas Imen, Amina e Maissa Nour el Houda.

➢ *Ao* meu irmão Mohammed e *à* minha irmã Zahia.

PREÂMBULO

A inflamação é uma condição que antecede a própria humanidade, como demonstram os primeiros sinais de processos inflamatórios observados em ossos de dinossauros. A inflamação foi sempre considerada um mecanismo de defesa vital contra as infecções. No século XVIII, John Hunter foi um dos primeiros a definir a inflamação como uma função benéfica, um conceito que foi validado um século mais tarde por Elie Metchnikoff. Para limitar os efeitos secundários da inflamação, a utilização de anti-inflamatórios à base de plantas foi introduzida na China já em 2800 a.C. e no Egipto já em 1520 a.C.

No entanto, encontrar um novo medicamento eficaz com uma baixa taxa de danos pode custar até 1,8 mil milhões de dólares e demorar cerca de treze anos. No entanto, o advento das tecnologias de bioinformática tornou essa tarefa mais fácil e barata. No nosso estudo, escolhemos um composto químico sintetizado no Laboratório de Eletroquímica de Materiais (MEL) com a fórmula química $C_{12}H_{27}O_5P$ (DH4MPMP) para realizar um bioensaio para avaliar o seu efeito como agente anti-inflamatório.

Capítulo I: é consagrado a um estudo bibliográfico que apresenta noções gerais sobre a imunidade.

Capítulo II: é dedicado a um estudo bibliográfico que apresenta noções gerais sobre a reação inflamatória e os factores que provocam a inflamação.

Capítulo III: apresenta as propriedades dos fosfonatos

Capítulo IV: Neste capítulo, apresentamos e discutimos os diferentes resultados obtidos através da previsão de alvos, confirmação de docagem molecular, regras de lipinski e ADMET.

Índice

Capítulo 1: Imunidade

1.1 Imunidade

A imunidade é a capacidade dos organismos vivos de se defenderem contra agentes estranhos (vírus, parasitas, bactérias, etc.). A primeira linha de defesa são as barreiras naturais que separam o organismo do seu ambiente: a pele e as mucosas dos animais, a casca e as paredes celulares das plantas. Uma vez ultrapassadas estas barreiras, os agentes estranhos desencadeiam as defesas imunitárias, cuja complexidade varia consoante os seres vivos. Para se proteger, o corpo humano dispõe de dois tipos de mecanismos de defesa: a imunidade inata e a imunidade adaptativa.

1.1.1 Imunidade inata

É a primeira linha de defesa do organismo e fornece uma resposta rápida e inespecífica a agentes patogénicos invasores ou mesmo a figuras. Inclui barreiras físicas (a pele), defesas químicas (enzimas, proteínas antimicrobianas) e diferentes tipos de células imunitárias (fagócitos, células assassinas naturais) que detectam e eliminam os agentes patogénicos.

1.1.2 Imunidade adaptativa

Trata-se de um mecanismo de defesa mais especializado e duradouro que se desenvolve após a exposição a agentes patogénicos específicos. Envolve linfócitos, um tipo de glóbulo branco, que passam por um processo chamado seleção clonal para gerar respostas imunitárias específicas. Este sistema tem a capacidade notável de reconhecer e memorizar agentes patogénicos específicos, permitindo uma resposta mais rápida e direccionada em encontros subsequentes - ver Figura 1.

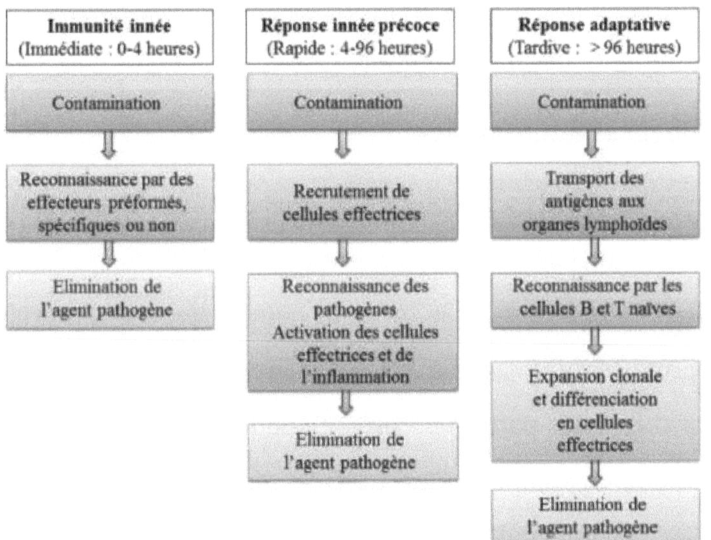

Figura 1: Diagrama das diferentes respostas imunitárias.

1.2 Sistema imunitário

O sistema imunitário é constituído por um conjunto de células e moléculas capazes de detetar e reconhecer anomalias e de reagir a elas. Assim, quando um corpo estranho entra no nosso organismo, o sistema imunitário consegue detectá-lo e desencadear uma série de processos que nos permitem destruí-lo. O sistema imunitário é regulado por um equilíbrio delicado entre ativação e supressão para evitar reacções excessivas perigosas (autoimunidade) ou respostas inadequadas (imunodeficiência). As perturbações da função imunitária podem conduzir a uma série de doenças, incluindo doenças auto-imunes, alergias e imunodeficiências.

1.3 Doenças auto-imunes

As doenças auto-imunes referem-se a um grupo de doenças caracterizadas por uma resposta imunitária anormal do organismo contra as suas próprias células, tecidos ou órgãos, que provoca inflamação e danos. Esta resposta autoimune pode afetar diferentes partes do corpo e conduzir a uma vasta gama de sintomas e complicações. Existem mais de 80 doenças auto-imunes reconhecidas, cada uma com as suas próprias características e tecidos-alvo. Alguns exemplos comuns incluem a artrite reumatoide, o lúpus eritematoso sistémico, a tiroide de Hashimoto, a esclerose múltipla, a diabetes tipo 1 e a doença celíaca. As causas exactas das doenças auto-imunes não são totalmente conhecidas, mas envolvem provavelmente uma combinação de factores genéticos, ambientais e hormonais. Certos genes estão associados a uma maior suscetibilidade a doenças auto-imunes, e os factores ambientais, como infecções, certos medicamentos e exposições a produtos químicos, podem desempenhar um papel no início ou no agravamento da resposta imunitária.

Capítulo 2: Inflamação
11.1 Definição de inflamação

A inflamação é a resposta natural do organismo a uma lesão, infeção ou irritação. É um processo biológico complexo que envolve vários componentes celulares e moleculares. O objetivo da inflamação é eliminar a causa inicial da lesão celular, remover o tecido danificado e desencadear o processo de cura. As principais características da inflamação incluem vermelhidão, calor, inchaço, dor e perda de função na área afetada. Estes sinais são conhecidos coletivamente como os sinais cardinais da inflamação. No entanto, estes 4 sinais não aparecem em todos os casos. Algumas inflamações não provocam inchaço, calor ou dor. A inflamação que deve ter mais cuidado é a inflamação indolor, em que os sintomas não são detectáveis. Manifesta-se de diferentes formas, nomeadamente através de fadiga. Consequências a longo prazo: ver figura 2.

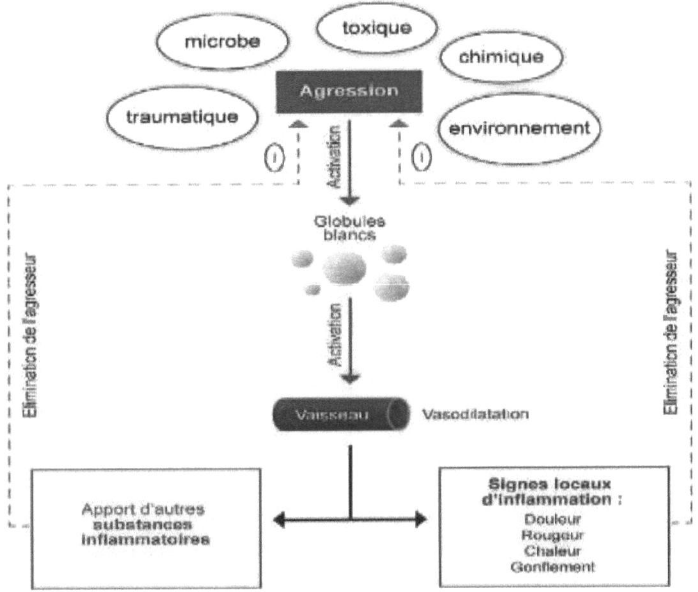

Figura 2: Causas da reação inflamatória.

II.2 Tipos de inflamação

Dependendo da duração e da cinética do processo inflamatório, a inflamação pode ser classificada em duas categorias:

II.2.1 Inflamação aguda

É uma resposta de curto prazo que ocorre normalmente em resposta a uma lesão ou infeção. As principais células envolvidas na inflamação aguda são os neutrófilos, que são glóbulos brancos responsáveis por atacar e destruir os agentes patogénicos invasores. A inflamação aguda é uma parte integrante do mecanismo de defesa do organismo e desempenha um papel vital no processo de cura.

H.2.2 Inflamação crónica

É uma resposta inflamatória persistente e de longa duração que pode ocorrer quando o organismo não consegue eliminar a causa da inflamação aguda. Também pode ocorrer como resultado de doenças auto-imunes, infecções crónicas ou exposição prolongada a substâncias irritantes, como o fumo do tabaco. A inflamação crónica pode provocar danos nos tecidos e está associada a uma série de doenças, incluindo a artrite reumatoide, a doença inflamatória intestinal e as doenças cardiovasculares.

II.2.3 Tratamento da inflamação

O objetivo do tratamento da inflamação é reduzir os sintomas associados, promover a cura e prevenir complicações. Existem diferentes abordagens para tratar a inflamação, consoante a sua causa e gravidade. Estas incluem :

II.2.3.1 *Anti-inflamatórios não esteróides (AINEs)*

Os AINEs são amplamente utilizados para reduzir a inflamação, aliviar a dor e reduzir a febre.

Actuam inibindo a produção de prostaglandinas, que são

responsáveis pela inflamação. Exemplos comuns incluem o ibuprofeno, a aspirina e o naproxeno.

a) Classificação dos AINE estruturais

Com base na sua estrutura química, os AINE podem ser classificados em salicilatos, derivados do ácido aril e heteroaril acético, **(Figura 3)** derivados do ácido indol/indeno acético, antranilatos e oxicams (ácidos enólicos).

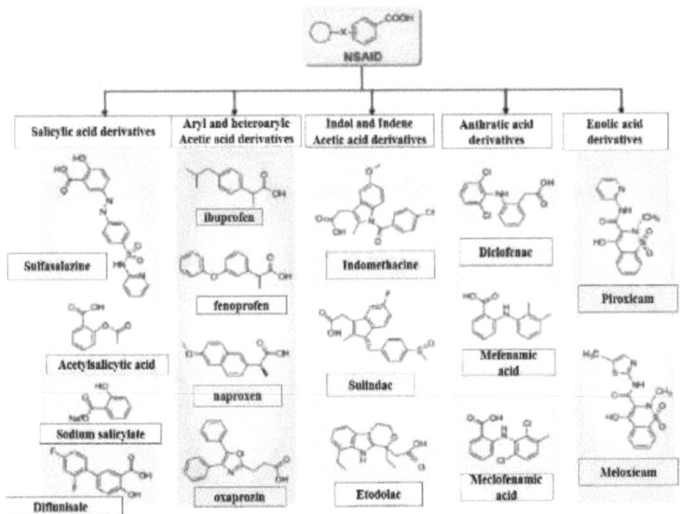

Figura 3: Diferenças estruturais entre os AINEs

b) Mecanismo de ação dos anti-inflamatórios não esteróides

O mecanismo fundamental dos AINEs é a inibição das enzimas COX. As duas formas iso da enzima COX actuam sobre o fosfolípido da membrana conhecido como ácido araquidónico para produzir várias prostaglandinas que desempenham uma variedade de funções fisiológicas no organismo **(Figura 4).**

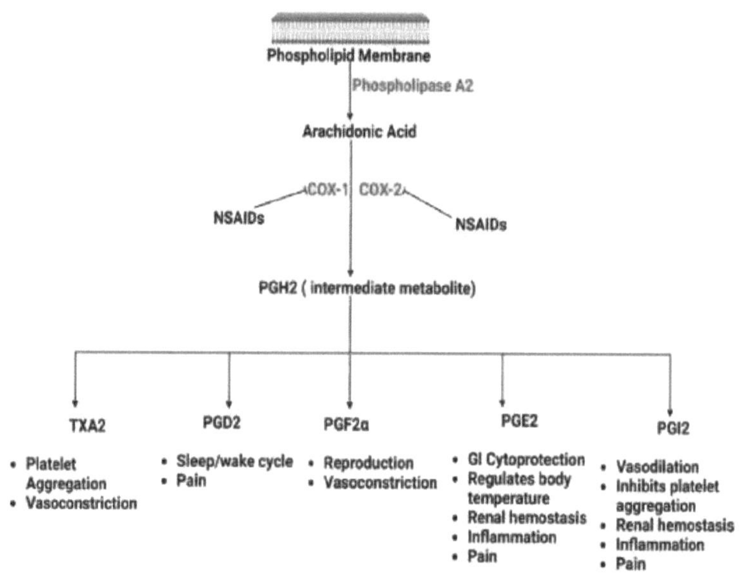

Figura 4: Mecanismo de ação dos AINEs.

II.2.3.2 *Corticosteróides (esteróides anti-inflamatórios)*

São versões sintéticas de hormonas produzidas naturalmente pelas glândulas supra-renais. Os corticosteróides têm poderosas propriedades anti-inflamatórias e são utilizados para tratar uma variedade de condições inflamatórias. Funcionam suprimindo a resposta imunitária e reduzindo a libertação de substâncias inflamatórias. Os exemplos incluem a prednisona, a hidrocortisona e a dexametasona.

Capítulo 3: Fosfonatos

111.1   Propriedades dos fosfonatos

Os fosfonatos são altamente solúveis em água, não voláteis e pouco solúveis em solventes orgânicos. Têm um efeito limiar no desenvolvimento de cristais de sal e uma capacidade de sequestrar iões metálicos. São menos tóxicos para o ambiente e são biodegradáveis no solo: libertação de fosfatos. Dispersam as partículas e são produtos muito estáveis em condições químicas rigorosas. São compostos biologicamente muito activos. Os fosfonatos são agentes quelantes eficazes que se ligam fortemente aos iões metálicos di- e trivalentes, sendo que a estabilidade dos complexos metálicos aumenta com o número de grupos fosfonatos.

111.2 Aplicações de fosfonatos

Os fosfonatos são compostos químicos que contêm um grupo fosfonato (-PO3H2) ligado a um grupo orgânico. Estas moléculas têm uma estrutura química particular que lhes confere propriedades interessantes e uma variedade de aplicações em diferentes domínios.

111.1.1   Em biologia

Na última década, os ácidos aminofosfónicos têm sido

objeto de uma investigação crescente nos domínios da medicina, da química bio-orgânica e da química orgânica, graças às suas diversas actividades biológicas.

111.1.2 Em medicina e farmacologia

Os fosfonatos nucleósidos foram amplamente estudados como potentes agentes antivíricos e, atualmente, mais de 40 fármacos com uma estrutura nucleósida são utilizados na quimioterapia antivírica. Destes, mais de metade são utilizados no tratamento da síndrome da imunodeficiência adquirida (SIDA). Os fosfonatos são também cada vez mais utilizados na medicina para tratar perturbações associadas à formação óssea e ao metabolismo do cálcio.

A ribavirina e o FdG são os dois compostos com uma estrutura nucleósida que demonstraram a atividade mais forte contra este tipo de infeção.

III.1.3 Toxicologia

Os fosfonatos são pouco absorvidos pelo trato gastrointestinal e a maior parte da dose absorvida é excretada pelos rins. A toxicidade dos fosfonatos para o ser humano também é baixa, podendo mesmo ser utilizados na composição de medicamentos.

Capítulo 4: Docagem molecular

IV.l Modelação molecular

As primeiras simulações numéricas foram efectuadas utilizando modelos simplificados, como o método do campo de forças, que considerava os átomos como esferas carregadas que interagiam através de forças predefinidas. Ao longo das décadas, a modelação molecular beneficiou dos avanços nas técnicas de computação e do progresso teórico.

Atualmente, graças à capacidade de processamento dos computadores modernos, a modelação molecular permite estudar sistemas complexos como as proteínas, os ácidos nucleicos e as membranas celulares. É utilizada em muitos domínios de investigação, como a conceção de medicamentos, a química dos materiais e a biologia estrutural, contribuindo para numerosas descobertas científicas.

IV. 1.1 Docagem molecular

O docking molecular é um método de cálculo que prevê a ligação entre moléculas e a sua afinidade. Não existe um programa único que seja adequado para todos os sistemas, mas estão disponíveis vários programas poderosos. A docagem molecular segue passos claros para obter bons resultados. A sua utilização na descoberta de medicamentos está a aumentar com os avanços na computação e na disponibilidade de dados.

IV. 1.2 Instrumentos de amarração

Existem várias ferramentas de ancoragem utilizadas para este efeito. Auto-Dock, AutoDock Vina, GOLD, Glide, MOE, ICM e Llex são alguns dos softwares mais utilizados.

Quadro 1: Software utilizado para a amarração.

Programa	Tipo	Características
MOE	Comercial	Correção de problemas de resíduos, limpeza de estruturas, atribuição de cargas com base em campos de força múltiplos, minimização de proteínas e previsão de locais de ligação.
YASARA	Académico/Comercial	Correção de problemas de resíduos, limpeza de estruturas, atribuição de cargas, atribuição de tautómeros, remodelação de anéis, previsão de locais de ligação.
Localizador de leads	Comercial	Otimização da estrutura, atribuição de cargas, seleção de rotâmeros.
BALLView	Académico	Minimização de proteínas e atribuição de encargos.
DeepView	Académico	Minimização das proteínas e afetação dos custos.

AutoDock Ferramentas	Académico	Limpeza da estrutura, atribuição de cargas (Gasteiger), seleção de rotâmeros e previsão do local de ligação.
Abra Babel	Académico	Limpeza da estrutura, atribuição de encargos, Seleção de rotâmeros, previsão do local de ligação.

IV. 1.2.1 Ambiente molecular de funcionamento (MOE)

O MOE (Molecular Operating Environment) é amplamente utilizado na indústria farmacêutica e na investigação académica para uma variedade de aplicações de descoberta de medicamentos e de modelação molecular. Entre as principais características do MOE:

a) Química computacional: a visualização, a manipulação e a análise das estruturas moleculares.

b) Modelação de proteínas: previsão da estrutura de proteínas, modelação de homologia e acoplamento proteína-ligante.

c) Simulações de dinâmica molecular para estudar o comportamento dinâmico de biomoléculas.

d) Previsão de QSAR (relações quantitativas estrutura-atividade) e ADME (propriedades de absorção, distribuição, metabolismo e excreção)

e) Rastreio virtual: identificação de potenciais candidatos a medicamentos a partir de grandes bases de dados de compostos.

f) Geração de farmacóforos 3D: gere modelos de farmacóforos 3D a partir de complexos proteína-ligando ou conjuntos de ligandos.

g) Visualização e análise: visualização avançada de estruturas moleculares, superfícies e interacções.

IV.   1.2.2 Principais métodos de docagem molecular

São utilizados dois métodos principais para a acoplagem molecular: a acoplagem rígida e a acoplagem flexível.

a) Acoplamento rígido

Este método pressupõe que as moléculas do ligando e do alvo mantêm a sua estrutura tridimensional fixa durante a ligação. Os átomos das moléculas são tratados como esferas rígidas e os cálculos centram-se no ajuste ótimo das posições e orientações das moléculas para maximizar a complementaridade.

b) Acoplamento flexível

Ao contrário da acoplagem rígida, este método tem em

conta os possíveis movimentos e deformações das moléculas durante a ligação. Permite-se que as regiões flexíveis do alvo e/ou do ligando mudem de conformação para otimizar o ajuste e melhorar a afinidade.

IV.1.2.3 Fases de acoplamento molecular

Nos estudos de acoplamento molecular, a preparação da proteína-alvo e do ligando, a seleção de métodos de acoplamento adequados e a avaliação dos resultados de acoplamento são etapas cruciais. Em primeiro lugar, a estrutura da proteína alvo é obtida a partir de uma base de dados, a sua qualidade é verificada e a proteína é preparada para a acoplagem através da remoção de moléculas de água, ligandos e iões. Em seguida, o ligando é preparado definindo os átomos que serão incluídos no modelo e atribuindo cargas atómicas. O ligando pode ser obtido a partir de uma base de dados ou concebido interactivamente. Em seguida, o tipo de acoplamento a utilizar, como o acoplamento rígido ou o acoplamento flexível, é determinado de acordo com as características da proteína alvo e do ligando. Além disso, a seleção de uma função de pontuação de acoplamento adequada é essencial, uma vez que permite avaliar a qualidade dos padrões de acoplamento gerados através da avaliação da complementaridade entre o ligando e a proteína alvo.

Por último, a validação dos resultados da docagem molecular é efectuada comparando os resultados previstos com estruturas experimentais conhecidas de complexos ligando-proteína ou utilizando técnicas experimentais como a cristalografia de raios X. Estas etapas são fundamentais para o êxito dos estudos de docagem molecular e contribuem para a compreensão das interacções proteína-ligando, fornecendo informações valiosas para a descoberta e conceção de medicamentos.

Para realizar o docking molecular, utilizamos o Molecular Operating Environment (MOE), um programa de modelagem molecular desenvolvido pela Chemical Computing Group Inc., no Canadá. Além disso, para a construção da molécula, utilizámos outros softwares como o ChemDraw e o GaussView. A molécula foi igualmente optimizada com o software Gaussian9. Estas ferramentas permitiram-nos adotar uma abordagem global da modelização molecular e realizar estudos de docking, bem como otimizar eficazmente a molécula.

IV.1.2.4. Escolha dos objectivos

Um alvo terapêutico é qualquer elemento de um

organismo ao qual se liga prioritariamente uma entidade que modifica o seu comportamento, como um ligando endógeno, um fármaco ou um medicamento. Exemplos de alvos terapêuticos comuns são as proteínas e os ácidos nucleicos.

A atividade biológica refere-se ao efeito de uma substância, como uma molécula ou um fármaco, num sistema biológico específico. Os resultados da avaliação da atividade biológica fornecem informações sobre a eficácia da substância em produzir o efeito desejado no sistema biológico alvo. Estes resultados são importantes para a seleção de compostos promissores e para a otimização de fármacos em desenvolvimento, mas requerem estudos adicionais para validação e confirmação.

Para selecionar os alvos terapêuticos para o nosso ligando, utilizámos o software SwissTarget. Os resultados obtidos estão ilustrados na Figura 4 e resumidos na Tabela III.l. Entre os alvos indicados pelo software, escolhemos três: JAK2, JAK3 e CXCRl para testar o efeito anti-inflamatório da nossa molécula sintetizada.

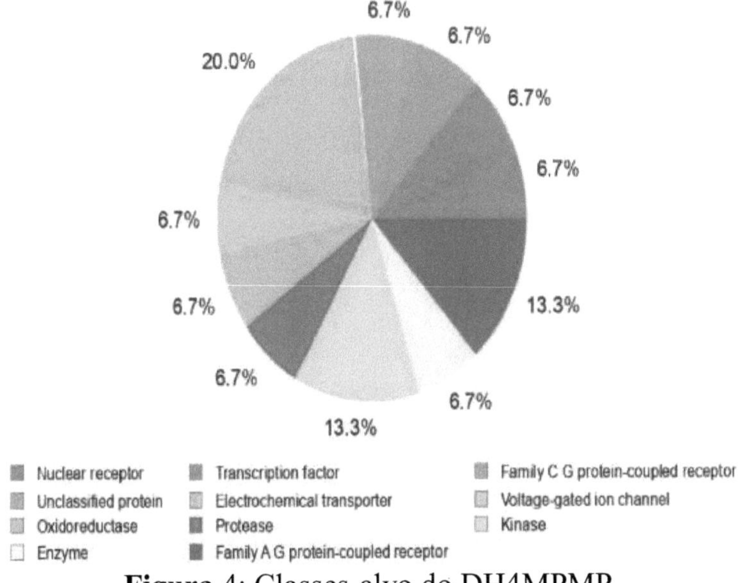

Figura 4: Classes-alvo do DH4MPMP.

Tabela 2: Bioatividade do DH4MPMP.

Objectivos	Nome	ID	Classe
Proteína tirosina	Comuna JAK2	Uninrot P52333	Quinase
Proteína tirosina	JAK3	060674	Quinase
Interleucina-8	CXCRl	P25024	RCPG

IV. 2 Docking DH4MPMP

Nesta secção, apresentamos e discutimos os resultados de docking do DH4MPMP com as proteínas JAK2, JAK3 e CXCRl, utilizando representações 3D e 2D. A otimização completa da geometria do ligando DH4MPMP (Figura III.3) foi realizada através do programa Gaussian 09 W, baseado na teoria do funcional da densidade (DFT), utilizando a troca funcional híbrida de três parâmetros de Beck com conjuntos de bases 6-31G (d. p) e uma correlação funcional Lee-yang-Parr (B3LYP).

IV.2.1 O caso da JAK2

Durante os cálculos de docking, determinámos 10 poses. Aqui apresentamos a melhor pose (Figura III. 4) que corresponde às energias mínimas com um RMSD de 1,41Å do ligando na proteína JAK2 (Tabela III.10). A Figura 5 mostra as interacções 2D entre o ligando DH4MPMP e a proteína JAK2, notando-se a presença de interacções H-acetor com vários resíduos como Asn673, Asn678 e Thr 555 **(Figura 5)**.

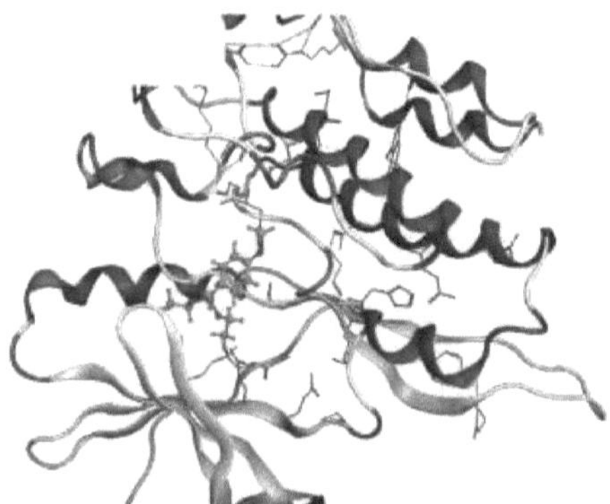

Figura 5: Melhor posição 3D do DH4MPMP na proteína JAK2.

IV.2.2 O caso da JAK3

A Figura 6 mostra a melhor pose resultante da acoplagem do nosso ligando (DH4MPMP) com a proteína JAK3. Esta pose corresponde às energias mínimas com um RMSD igual a 1,20Å (Tabela 3). Foram identificados três tipos de interação: a interação H-Л com o resíduo Phe833, a interação H-Donor com o resíduo Glu871 e a interação H-Л com o resíduo Phe833.

Aceitador com o resíduo Lys855 **(Figura 6)**

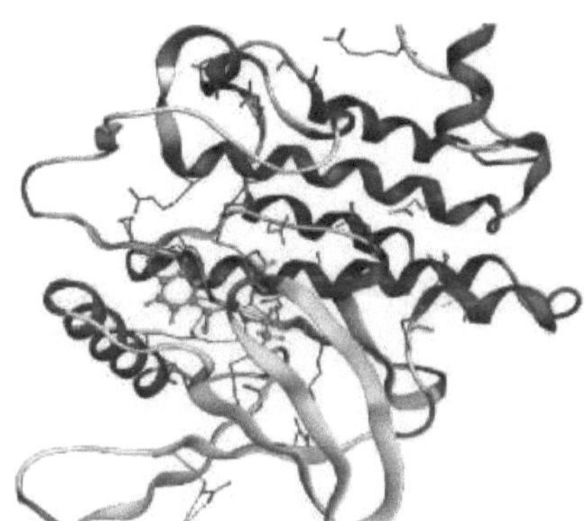

Figura 6: Melhor posição 3D do DH4MPMP na proteína JAK3.

IV.2.3 Caso do CXCRl

A melhor pose obtida após a acoplagem do nosso ligando (DH4MPMP) à proteína CXCRl está ilustrada na Figura 7. Escolhemos esta pose utilizando o seu RMSD, que é de 1,1OÂ (Tabela 3). Foram identificados dois tipos de interação: interação H-π com o resíduo phe211 e interação π-π com o resíduo phe251 **(Figura 7).**

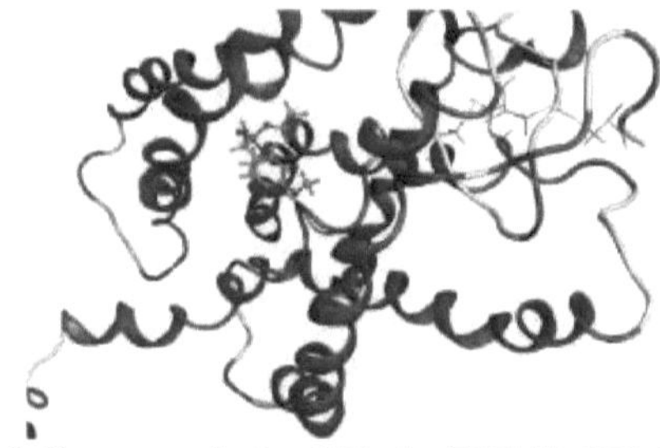

Figura 7: Melhor posição 3D de DH4MPMP na proteína CXCRl.

IV.3 Docking dos inibidores da proteína em estudo

A comparação dos resultados de docking do nosso ligando com os dos inibidores JAK2, JAK3 e CXCRl permite-nos analisar várias propriedades importantes, tais como a conformidade com a regra de Lipinski, as energias, as interacções obtidas por docking molecular e as propriedades farmacocinéticas.

IV.3.1 O caso do JH2

A melhor pose obtida após o docking do inibidor JH2 com a proteína JAK2 está ilustrada na Figura 8. Escolhemos essa pose usando seu RMSD, que é 1,12 (Tabela 3). A interação entre JAK2 e JH2 mostra proximidade espacial no local de ligação. O inibidor JH2 forma uma ligação H-aceitadora com o aminoácido tirosina, onde o grupo O de JH2 se aproxima do aminoácido tirosina. Além disso, ocorre outra interação entre o grupo O do JH2 e o ácido lisina, em que a ligação é do tipo H-aceitador. Estas interacções são cruciais para estabilizar a interação entre JAK2 e JH2.

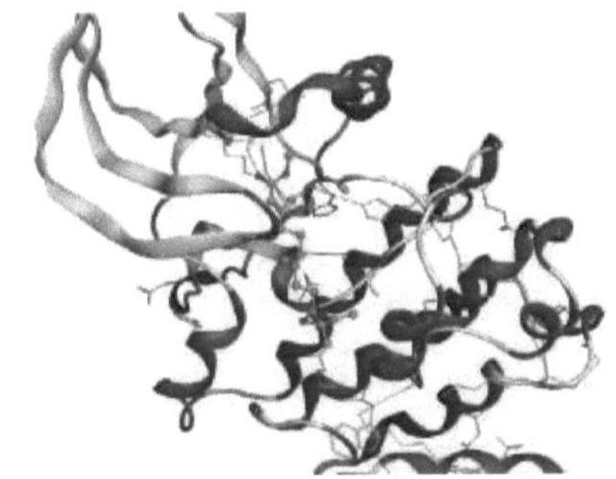

Figura 8: Melhor posição 3D do inibidor JH2 na proteína JAK2.

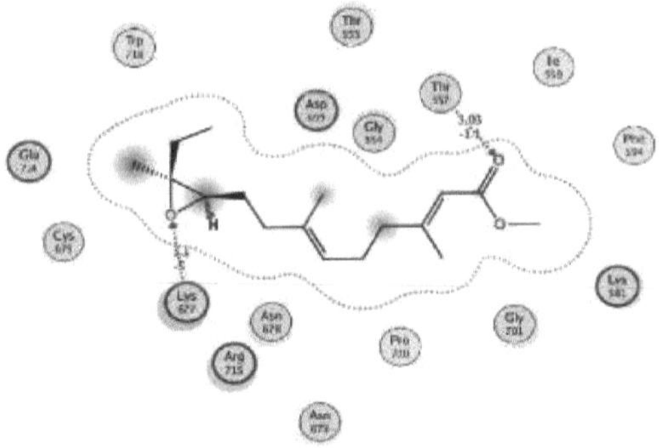

Figura 9: Representação 2D das interacções entre a proteína JAK2 e o inibidor JH2.

IV.3.2 Leflunomida

A melhor pose obtida após o docking do inibidor Leflunomida com a proteína JAK3 está ilustrada na Figura III.12, escolhemos esta pose usando o seu RMSD que é 1,55 (Tabela 3). O inibidor Leflunomida forma uma ligação H-donor com o aminoácido Asp967, onde o grupo N6 da Leflunomida se aproxima deste resíduo. Além disso, ocorre outra interação do mesmo tipo entre o grupo C28 da Leflunomida e o mesmo resíduo. O anel da Leflunomida apresenta uma interação π - Catião com o resíduo Lys855 **(Figura 10).**

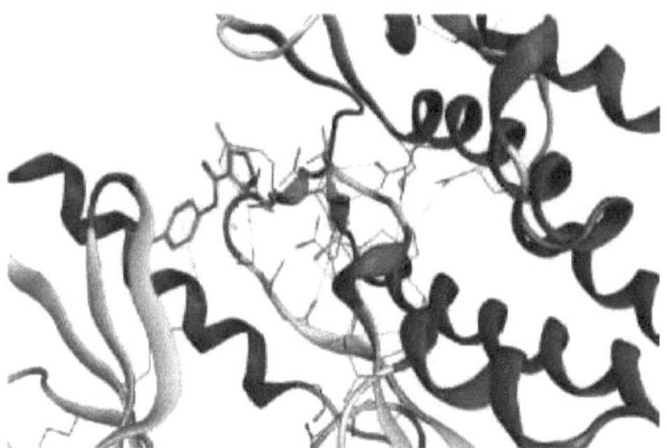

Figura 10: Melhor posição 3D do inibidor de Leflunomida na proteína JAK3.

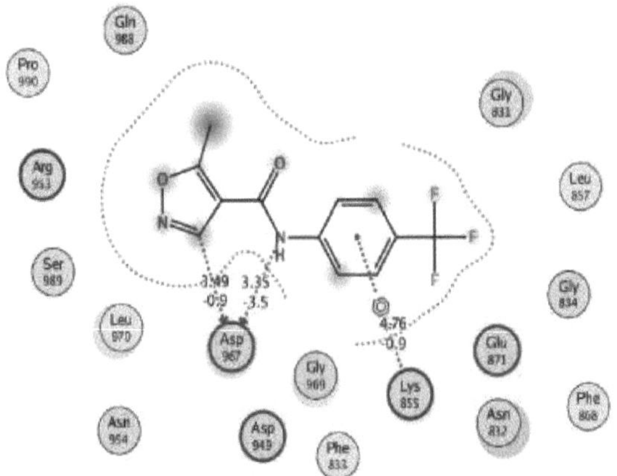

Figura 11: Melhor posição de interação de JAK3 com Leflunomida em 2D.

IV.3.3 Ladarixina

A melhor pose obtida após o docking do inibidor **Ladarixina** com a proteína JAK3 está ilustrada na Figura III.14, escolhemos esta pose usando o seu RMSD que é 1,76 (Tabela IILlO). O inibidor **Ladarixin** forma uma ligação H-aceitadora com o resíduo Glu291, onde o grupo C22 do **inibidor** se aproxima deste resíduo. Além disso, ocorre outra interação π -H entre o mesmo grupo e o resíduo Phe251 **(Figura 12).**

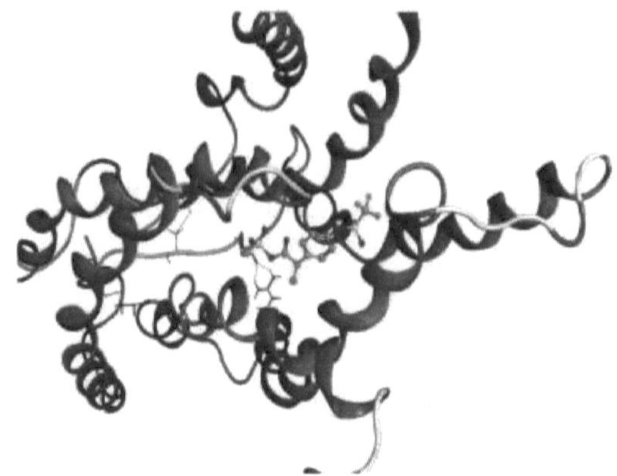

Figura 12: Melhor posição 3D do inibidor **Ladarixin** na proteína CXCRl.

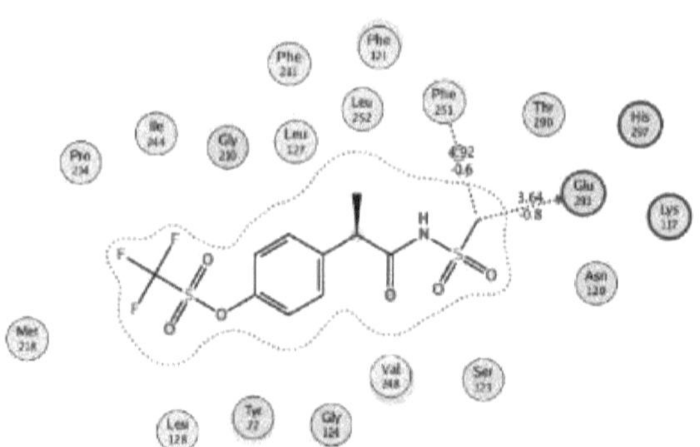

Figura 13: Melhor posição de interação do CXCRl com a ladarixina.

A análise dos resultados da ligação do DH4MPMP à proteína CXCR deu uma pontuação de ligação igual a -6,50 Kcal/mol, quase comparável à do fármaco Ladarixina, que é igual a -6,67 Kcal/mol, pelo que podemos dizer que o DH4MPMP pode ser um fármaco que ainda tem de ser provado experimentalmente (ver **Quadro 3).**

Tabela 3: Resultados de docagem molecular e interacções.

Proteína	Ligando	Pontuação Kcal/mol	RMSD	Átomo	Resíduos	Tipo de ligação
JAK2	1	-5.74	1.41	O_{18} O_{18} O_{36}	Asn673 Asn678 Thr555	Aceitador de H Aceitador de H Aceitador de H
	2	-7.40	1.12	O_4 O_6	Thr557 Lys677	Aceitador de H Aceitador de H
JAK3	1	-6.25	1.20	Ciclo C_{11} O_{36}	Phe833 Glu871 Lys855	H-π H-Doador H-Acceptor
	3	-5.20	1.55	Ciclo N_6 C_{18}	Lys855 Asp967 Asp967	π-Cação H-Doador H-Doador
CXCR1	1	-6,50	1.10	O_{34} Ciclo	Phe211 Phe251	H-π π - π
	4	-6,67	1.76	C_{22} C_{22}	Phe251 Glu291	H-π H-Acceptor

(1) DH4MPMP, (2) JH2, (3) Leflunomida, (4) Ladarixina.

IV.4 Regra de Lipinski

Utilizando como referência a regra de Lipinski, que é habitualmente utilizada para avaliar a imunidade dos compostos, comparamos os valores obtidos para cada composto (Tabela 3).

Começamos pelo peso molecular: os compostos cumprem a regra de Lipinski porque os seus pesos moleculares são inferiores a 500 g/mol. Isto indica que têm um tamanho molecular adequado para serem considerados como compostos potencialmente favoráveis do ponto de vista farmacológico.

No que diz respeito aos aceitadores de ligações de hidrogénio (HBAs), os compostos também respeitam a regra de Lipinski, uma vez que têm menos de 10 grupos HBA. Isto sugere que podem ser capazes de estabelecer interacções adequadas com outras moléculas num contexto biológico.

No entanto, no que diz respeito aos dadores de ligações de hidrogénio (HBDs), isto pode ter uma influência na capacidade do composto para formar ligações específicas num ambiente biológico.

No que respeita ao coeficiente de partição octanol-água (LogP), os compostos cumprem a regra de Lipinski, uma vez que apresentam um LogP inferior a 5. Este valor sugere uma solubilidade adequada tanto em solventes hidrofóbicos como hidrofílicos.

[2]Em termos de área de superfície polar total (TPSA), os compostos cumprem a regra de Lipinski, uma vez que a sua TPSA é inferior a 140 Â . Isto indica uma área de superfície polar total moderada, que pode ser favorável de um ponto de vista farmacológico.

Podemos dizer que os compostos cumprem a maioria dos critérios da regra de Lipinski. No entanto, é importante notar que a regra de Lipinski é uma regra geral e que há muitos outros factores a considerar ao avaliar a viabilidade e a eficácia de um composto como potencial medicamento.

A partir destes resultados, podemos dizer que o ligando DH4MPMP poderia ser utilizado como medicamento em comparação com os inibidores das três proteínas que já são comercializados. **(Tabela 4)**

Tabela 4: Análise da Regra de Lipinski para o DH4MPMP e os três inibidores.

Fórmula	Peso (g/mol)	HBA	HBD	LogP	[2]TPSA (Â)
12195	274.25	5	1	2.79	74.80
17283	280.40	3	0	4.18	38.83
129322	270.21	3	1	3.25	55.13
111236C H F NO S$_2$	375.34	9	1	4.52	123.37
Regra Lipinski	≤500	<10	<5	<5	<140

IV.5 DH4MPMP ADMET

Os resultados da avaliação ADMET são essenciais para selecionar as moléculas mais promissoras para a fase de desenvolvimento subsequente e ajudar a evitar fracassos dispendiosos. Também ajudam a otimizar a conceção de medicamentos, fornecendo informações sobre as modificações necessárias para melhorar as propriedades ADMET. É de notar que os resultados da avaliação ADMET não são definitivos e podem variar em função de vários factores. São necessários mais estudos experimentais, como ensaios in vitro e in vivo, para validar e aperfeiçoar estes resultados, a fim de garantir a segurança e a eficácia dos medicamentos em desenvolvimento.

A Tabela 5 apresenta os resultados ADMET para o ligando DH4MPMP. O ligando DH4MPMP tem uma absorção intestinal humana com uma probabilidade de 0,94, o que indica uma boa absorção através da parede intestinal. Tem a capacidade de atravessar a barreira hemato-encefálica com uma probabilidade de 0,72, o que significa que pode entrar no cérebro a partir da corrente sanguínea. Não apresenta toxicidade respiratória, hepática ou renal. **(Quadro 5)**

Quadro 5: Análise ADMET para o DH4MPMP.

Classificação	Valor	Probabilidade
Absorção intestinal humana	+	0,9393
Barreira hemato-encefálica	+	0,7250
Carcinogenicidade (binário)		0,7428
Corrosão ocular		0,8129
Hepatotoxicidade		0,6734
Sensibilização cutânea		0,8515
Toxicidade respiratória		0,5889
Nefrotoxicidade		0,5315
Ligação ao	+	0,5771
Ligação ao	+	0,5426
Ligação ao		0,5562
Biodegradação		0,7500

IV.6 Atividade biológica do DH4MPMP

A atividade biológica refere-se ao efeito de uma substância, como uma molécula ou um fármaco, num sistema biológico específico. Os resultados da avaliação da atividade biológica fornecem informações sobre a eficácia da substância em produzir o efeito desejado no sistema biológico alvo. Os resultados da avaliação da atividade biológica fornecem informações sobre a eficácia de uma substância em produzir o efeito desejado num sistema biológico específico. Estes resultados são importantes para a seleção de compostos promissores e para a otimização de medicamentos em desenvolvimento, mas requerem estudos adicionais para validação e confirmação.

Tabela 6: Análise da atividade biológica do DH4MPMP.

Pontuação	Pontuação Padrão	Substância
0,912	0,006	Inibidor da aspulvinona dimetilalil transferase
0,890	0,007	Nootrópico
0,847	0,005	Antiartrítico
0,786	0,004	Tratamento da aterosclerose

IV.7 Conclusão

Os resultados do docking molecular do ligando isolado e com os inibidores proteicos utilizados mostraram-nos as interacções deste ligando com diferentes resíduos e com vários tipos de ligação.

Utilizando a regra de Lipinski como referência, podemos dizer que o ligando DH4MPMP poderia ser utilizado como medicamento em comparação com os inibidores das três proteínas que já se encontram no mercado.

Os resultados da avaliação ADMET indicam que o

ligando DH4MPMP tem uma absorção intestinal humana com uma probabilidade de 0,94, o que indica uma boa absorção através da parede intestinal. Tem a capacidade de atravessar a barreira hemato-encefálica com uma probabilidade de 0,72, o que significa que pode entrar no cérebro a partir da corrente sanguínea. Não provoca toxicidade respiratória, hepática ou renal.

Referências

- Coumia, Z., Allen, B., & Sherman, W. (2017). Cálculos de energia livre de ligação relativa na descoberta de medicamentos: avanços recentes e considerações práticas. Journal of chemical information and modeling, 57(12), 2911-2937...
- Ouksel, L., Chafaa, S., Bourzami, R., Hamdouni, N., Sebaisb, M., & Chafai, N. (2017). Estrutura cristalina, vibracional, investigação espetral, cálculos quânticos químicos DFT e comportamento térmico do fosfonato de dietil [hidroxi (fenil) metil].
- M. Mehri, N. Chafai, L. Ouksel, K. Benbouguerra, A. Hellal, S. Chafaa, Síntese, avaliação eletroquímica e clássica da atividade antioxidante de três ácidos α-aminofosfônicos: investigação experimental e teórica, J. Mol. Struct. 1171 (2018)179-189.
- Cleyrat, C., Jelinek, J., Girodon, F., Boissinot, M., Ponge, T., Harousseau, J. L., Issa, J. P., & Hermouet, S. (2010). Mutação JAK2 e fenótipo da doença: uma mutação dupla L611V / V617F em cis de JAK2 está associada a eritrocitose isolada e aumento da ativação de AKT e ERK1 / 2 em vez de STAT5. Leukemia, 24(5), 1069-1073.
- Schindler C. W. (2002). Introdução à série. Sinalização JAK- STAT na doença humana. The Journal of clinical investigation, 109(9), 1133-1137.
- L. Ouksel, R. Bourzami, S. Chafaa, N. Chafai, Síntese sem solventes e catalisadores, proteção contra a corrosão, termodinâmica, MDS e cálculo DFT de dois inibidores amigos do ambiente: ácidos bis-fosfónicos, J. Mol. Struct. 1222 (2020) 128813.

- Sitaru, S., Budke, A., Bertini, R., & Sperandio, M. (2023). Inibição terapêutica de CXCR1/2: onde estamos? medicina interna e de emergência, 1-18. Publicação online antecipada.
- Lipinski C. A. (2000). Drug-Iike properties and the causes of poor solubility and poor permeability. Journal of pharmacological and toxicological methods, 44(1), 235-249.
- Bessout, R. (2012). Tratamento de lesões colorrectais induzidas por radiação através da injeção de Células Estromais Mesenquimais (MSC): envolvimento do processo inflamatório.
- lista de sítios Web
    http://mas.stephanie.free .fr/cours systeme im munitaire.htm
    https://www.aarda.org/
    https://public.larhumatologie.fr/linflammation
    https://celluloyd.tumblr.com/post/1633416847 41/r%C3%A9 receptores-coupl%C3%A9s-%C3%A0-nf-%CE%BAb-in-communication

yes
I want morebooks!

Buy your books fast and straightforward online - at one of world's fastest growing online book stores! Environmentally sound due to Print-on-Demand technologies.

Buy your books online at
www.morebooks.shop

Compre os seus livros mais rápido e diretamente na internet, em uma das livrarias on-line com o maior crescimento no mundo! Produção que protege o meio ambiente através das tecnologias de impressão sob demanda.

Compre os seus livros on-line em
www.morebooks.shop

Printed by Books on Demand GmbH, Norderstedt / Germany